見る・撮る・描く

身近な飛ぶ虫

観察図鑑

著　石井誠

監修　岩野秀俊

緑書房

はじめに

　昆虫という存在は私たちの身の回りにありふれている。どんな場所であろうと、どんな時期であろうと、野外に出れば昆虫を見かけないことはない。それどころか家の中に入ってくることさえもある。だが面白いことに、昆虫とはそんなにも身近でありながら神秘に満ちた存在なのである。特に飛翔という行動は不思議なもので、吸蜜のため、交尾のため、外敵から逃げるため、昆虫たちはさまざまな理由で飛び回る。極論すれば、飛翔している姿を観察することで彼らの生命活動のほとんどを知ることができるのではないかとさえ考えてしまう。

　昆虫の飛翔は想像もできないほど長い年月の果てに獲得された能力であり、生態や形態を入念に観察しているとその進化を感じることができる。例えばセミやハチは4枚の翅（はね）をもつが、じつは後翅（こうし）の筋肉は退化していて、前翅（ぜんし）との間にある巧妙な連結によって羽ばたいているのである。それに対してハエやアブの仲間は後翅が変化して「平均こん」と呼ばれる耳かき状の突起になり、それによって2枚の前翅だけでバランスをとりながら器用に飛翔する。

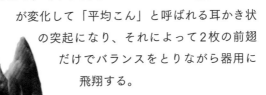

　気づけば昆虫観察をはじめて80年以上、撮影を続けて70年以上が経つが、飛翔している写真はそう簡単には撮影できず、自然界のままの姿でピントの合った写真を撮ることにはずいぶんと苦労したものである。カメラの進歩のおかげもあって撮影はいくらか楽になったが、最新の機材をもってしても素早く飛翔する昆虫たちの小さな体を捉えるのは至難の業である。チョウやトンボなどはよく飛翔してくれるが、甲虫では長い我慢比べに勝たなければ飛び立つ姿を見ることも難しい。そうして苦労しながらも捉えた数多くの決定的な瞬間の写真を盛り込んだのがこの本であり、掲載したどの写真も自然の中の一瞬を切り取ったもので、二度と同じ写真は撮影できないものばかりである。読者の皆さんにはこの本を読んで、何気なく見ていた飛び回る昆虫に少しでも興味を持っていただき、昆虫観察や昆虫撮影をはじめるきっかけとしていただければ幸いである。

{ もくじ }

第1章

チョウのなかま

大空を自在に飛び回るチョウのなかまは飛ぶ昆虫の代表ともいえるものであり、優雅に飛翔する姿は観察や撮影にも最適な対象である。

カラスアゲハ

分布 北海道から九州までみられる。

大型のチョウで、青緑色の光沢を帯びた黒い翅をもつ美麗種である。翅型には春型と夏型があり、色調が微妙に異なる。渓流沿いの湿地や山地のような森林環境で特によく目にするが、市街地で見かけることも多く、身近な自然観察に適したチョウである。
幼虫の食樹はコクサギ、サンショウ、ミカン類などである。

細密画を描くにあたって翅の色彩を正確に表現することは難しく、それらしい色で表現してみるが、とても実物の奥深く繊細な色彩には及ばない。

ヒガンバナの咲くころになると、多くのカラスアゲハが吸蜜に飛来する様子が観察できる。吸蜜中はゆっくりとホバリングしているので、生態写真を撮る好機である。

夏の暑い日に空中でオスがメス
を追いかける様子。幻想的な情
景が池の水面に映し出される。

追尾は長時間にわたり、最後にはオスがメスに重なる格好で空中で絡み合い、求愛が成
功した。

オスの執拗な追尾はメスにとっては迷惑きわまりないことだが、よくよく観察している
とオスメスともに遊びの一種として空中で追いかけまわしているのではないかと感じる
こともある。

アオスジアゲハ

分布 本州から南西諸島までみられる。

大型のチョウで、翅形は細く、初夏の空にも似た透き通るブルーの色彩は晴れや
かさを演出している。幼虫の食樹はクスノキ、タブノキ、ニッケイなどのクスノ
キ科の植物である。

アジサイの花に向かって飛翔するアオスジアゲハ。羽ばたく動作が速く、撮影すること
が難しい種である。苦労して飛翔姿を捉えたこの写真も、躍動感のある（ボケていると
もいう）写真になってしまっている。

前翅と後翅を独立させて動かしているのがよくわかる3枚。器用に羽ばたくことでバラ
ンスを保ちながら飛翔することができるようだ。

ヒメジョオンに向かって飛翔するアオスジアゲハ。メスの吸蜜は盛んで、口吻を伸ばしながら花へと向かう姿からは生命力の旺盛さが伝わってくる。

水たまりで吸水する様子。吸水をするのはオスだけで、湿った地面や水たまりで水分とミネラルを補給する。同じ水たまりで他のアゲハ類と一緒に見かけることもある。

運悪く、ジョロウグモの巣に絡まり捕食されたアオスジアゲハ。素早さで天敵から免れることができても、そう簡単には生き残れないのが自然界の厳しさである。

夏から秋のはじめにはクスノキの若葉に小さな卵を見つけることができる。孵化した幼虫は1齢幼虫、2齢幼虫を経て終齢幼虫と成長して蛹へと変態し、蛹の姿で越冬する。

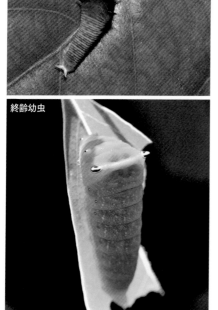

2齢幼虫

3齢幼虫

終齢幼虫

蛹

ナミアゲハ（アゲハ）

大型のチョウで、春先〜秋ごろにかけて4〜5回程度の発生がみられる。春型と夏型があり、春型は夏型よりも小型になる。里山や公園などでごく普通にみられるが、これは食樹となるナツミカンやサンショウなどが好んで人家の庭先や公園などに植栽されるためだと思われる。
アゲハチョウの仲間で最もよく見かける種である。

ナツミカンの若葉に産卵するナミアゲハのメス。幼虫の食樹が市街地に多いためか、産卵する様子を頻繁に見かける。
腹部を曲げて産卵するメスは真剣そのもので、子孫を残す本能のために全力で生きている姿である。

産卵を控えたメスは体力補強のためか、活発に吸蜜をする。彼女たちにとって産卵とはそれだけエネルギーを要する行為であるようだ。

オスはメスを追尾して求愛するが、
交尾済みのメスも多く、そう簡単
に交尾には至れない。

このカップルは運よくオスの求愛
が実を結び、交尾が始まった。

ナミアゲハが飛翔する姿をとらえた連続写真。遊んでいるのか、吸蜜を交えながら花の上を飛び回っている。

ナツミカンの葉に産み付けられたナミアゲハの卵

幼虫のニセの顔

ナミアゲハは1卵ずつ食樹の新葉などに産卵する。孵化した幼虫は終齢幼虫になるとヘビの顔のような模様で擬態し、危険が迫ると頭の先からオレンジ色の臭角を突出させる。この角は強烈な悪臭を放ち、天敵を追い払うのに用いられる。

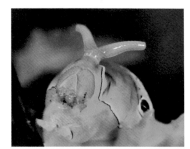

幼虫の本当の顔

クロアゲハ

春〜秋にかけて観察できる大型のチョウで、オスは後翅表面の前縁に黄白色の性標（香鱗により構成される翅の模様で、メスを誘引する物質を放出する）がある。メスの後翅は赤色の紋が発達している。里山や公園で花から花へと蜜を求めて飛び回る姿を観察することができる。

大きな翅と尾状突起をもつクロアゲハ。黒い翅は鮮やかな花の色と青い空によく映える。

16

クロアゲハの吸蜜活動が最も盛んになる時期はヒガンバナの咲く時期と重なる。ヒガンバナの群生地には多くのクロアゲハが飛来する。

ヒガンバナは蜜が多いのか、さまざまな種類のアゲハチョウの仲間が飛来する。どの個体も吸蜜のためにゆっくりと飛翔し、ホバリングをするので、年間を通して秋のこの時期が最も撮影に適しているといえるだろう。

山地の湿地では多くのクロアゲハが集まって集団吸水する様子に出会うことがある。よくみると、吸水している集団のうちいくつかの個体は吸うと同時にお尻から水を排出する「ポンピング」と呼ばれる行動を行っているのがわかる。アゲハチョウの仲間に共通する行動で、体を冷やす効果があるといわれている。

終齢幼虫はヘビの顔のような模様をもっており、模様の黒点とは別に頭部の先端の部分に本物のつぶらな目が隠れている。ナミアゲハ同様に匂いを放つ臭角を突出させて捕食者を追い払うが、ナミアゲハとは角の色が微妙に異なるようだ。

キアゲハ

大型のチョウ。ナミアゲハと並んで一般的によくみられるアゲハチョウで、見慣れれば飛翔している姿だけでもすぐに判別がつくようになる。アゲハチョウの仲間は一般的にミカン科を食樹とする種類が多いが、キアゲハは例外的にセリ科のシシウド、ニンジン、パセリなどを食草とする。オスがテリトリーをもつという特徴的な生態をもっている。

羽化したばかりのキアゲハの成虫。翅の表面の鮮やかな色彩が美しく、粋な配色には目を奪われる。

産卵はセリ、ミツバ、ニンジンなどのセリ科植物に行われる。食草の分布が広いので、海岸沿いから山地にかけて広い範囲で産卵する姿を観察することができる。

終齢幼虫の色彩は黄緑色の地肌に、体節ごとに黒帯と赤橙色の点列を配した模様があり、他の種類にはみられない特異な配色を持っている。蛹は褐色型と緑色型の2型があり、周囲の環境に合わせてどちらかの色になる。

ジャコウアゲハ

分布 東北地方以南でみられる。

大型で、長い尾状突起が特徴的なアゲハチョウである。毒草であるウマノスズク
サを食草として成長するため、体内に毒成分が保毒されて幼虫も蛹も成虫も独特
な匂いを放ち、捕食者を寄せ付けない。この匂いが麝香（香料の一種）に似てい
ることからこの名がつけられた。

成虫の体色はいかにも有毒といった雰囲気で、
後翅の斑紋が近寄りがたい雰囲気を醸し出す。
面白いことに、飼育下で成長させると地味な色
彩の成虫になってしまう場合があり、野生個体
のワイルドな美しさは表現できない。

飛翔するメス（上）とオス（下）の姿。毒をもっていることで外敵に対する警戒心が薄れているのか、飛翔速度はゆっくりで、悠々と飛翔する姿を観察できる。

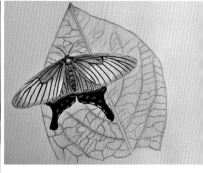

ジャコウアゲハそっくりに擬態したこのガはその名も「アゲハモドキ」。毒のある虫に擬態して天敵をやり過ごすという保身の術はあっぱれである。

食草のウマノスズクサはやや限定
された地域に生息する植物で、
ジャコウアゲハの交尾や産卵はこ
の植物の近くで行われる。

ウマノスズクサ

ジャコウアゲハの卵

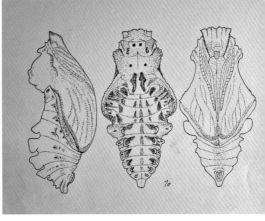

ジャコウアゲハの蛹は特徴的な形状で、「お菊虫」という別名がついている。番町皿屋敷
という怪談で皿を割ったお菊という女性が後ろ手に縛られて井戸につるされるが、この蛹
の外見もよくみると口紅を付けたお菊さんにみえてくる、というのが別名の由来である。

ナガサキアゲハ

分布 関東地方以南から九州までみられる。

本来は南方系の大型のチョウであったが、地球温暖化の影響と食樹であるミカン類が市街地や公園で多く植えられている背景から、近年では分布を広げ、関東地方でもみられるようになっている。翅裏の基部にある赤い斑紋と、尾状突起がないことが外見上の特徴である。

かつては中国地方から九州方面でしかみられなかったが、近年急速に分布が拡大し、今では東京近辺の市街地や公園などでも普通に見かけるようになった。写真は関東地方の公園で撮影したもの。

南方に行くほどメスの翅にある白色斑紋が大きくなる傾向にある。前後翅の白斑が著しいものも多くみられる。関東地方で観察したこの個体も白斑が美しいが、南方の個体はさらに白斑が広がって後翅全体が白く染まるものもいる。

大型のチョウで飛翔能力も高く、樹上の花で優雅に吸蜜し、花から花へと飛び移る姿をみることができる。特にヒガンバナが咲く時期にはホバリングして吸蜜する様子をじっくりと観察でき、撮影を試みるには絶好の時期である。

咲き乱れる花々の中を飛び交う姿は見応えがあり、翅の色彩と花の色が混ざり合って美しい景色を演出してくれる。

オスは活発に吸水をするが、その様子を観察しているとこの写真のように、吸水と同時に肛門から水滴を排出する姿を見かけることがある（この行動はポンピングとも呼ばれる）。この行動は体の冷却のために行われているとされ、暑い日にはよくみられる光景である。

ギフチョウ

分布　本州特産種で、北限の秋田県から西限の山口県までみられる。

「春の女神」ともたたえられる中型の美しいチョウである。アゲハチョウの中では小型で、繊細で美しい紋様がみる人を魅了する。発見地にちなんでギフと名がつくが、本州各地の低山地で広くみられる。近年は減少ぎみで、探すのも一苦労である。幼虫の食草であるカンアオイは限られた環境にまばらに生える珍しい植物である。

ギフチョウを求めて山を歩き、初めて見つけたときの喜びは忘れがたく、その後何度出会っても同じ喜びを味わうことができた。外見の美しさだけでなく、春の訪れを告げてくれる風物詩だということも喜びをもたらしてくれる理由なのだろう。
細密画を描こうと細かく観察するとその紋様の繊細さと美しさに圧倒されてしまう。

あまり飛ばないギフチョウの飛翔を撮影するのは難しく、大空を背景に飛翔する姿を撮りたいと長年思っているが、なかなか機会に恵まれない。やむなく吸蜜後や産卵後に飛び立つ姿を狙って撮影することができた。

花の上で覆いかぶさるように交尾をするオスとメス。交尾はメスの羽化後の早い時期にみられ、30分から1時間程度と長時間にわたって行われる。

カンアオイの葉裏に産卵するギフチョウ。真珠のような緑色の卵は孵化前になると、卵の殻が透けて黒い幼虫の体がみえるようになり、かわいらしいコントラストを作る。孵化した幼虫は1カ月程度で蛹化して越冬し、翌春の桜の花が咲くころに羽化する。

モンキアゲハ

分布 南方系のチョウであるが、北陸地方以南でみられる。

大型のアゲハチョウで、後翅の中央部にある大きな黄白色の斑紋が他種との判別点になる。食草はミカン科植物だが、中でも特にカラスザンショウを好み、それが分布する市街地や公園などに多く生息する。

上品な黒色が花畑の色彩によく似合う。
市街地でもよく見かけるが、渓流や山道に沿った「チョウ道」と呼ばれるルートを巡回する姿をよく目にする。

吸蜜するモンキアゲハの細密画。翅の模様を正確に描くコツは、実物をよく観察することに尽きる。

同じ水場で吸水するモンキアゲハ（左）とクロアゲハ（右）。顔を近づけて吸水する様子はまるで内緒話に興じる子供のようである。

羽ばたきで器用に体勢を保ちながら吸蜜するモンキアゲハ。大型のチョウでは花にとまったままホバリングして吸蜜する様子がよくみられる。

中型のチョウ

チョウと聞いて思い浮かべるのは大型のアゲハチョウであることが多いかもしれないが、タテハチョウやシロチョウのような中型のチョウは公園など身近な場所でよくみられ、どれも複雑で美しい模様をもった種ばかりである。

テングチョウ

北海道から南西諸島まで日本全土でみられる。

中型のチョウ。頭部前方に突き出た長い突起（下唇鬚／下唇ひげ）が特徴的で、テングという名前もその外見を由来としている。公園や畑地、広葉樹林の林縁など多様な環境に生息する。

エノキの葉に産卵するテングチョウ。幼虫は若葉を食べて成長する。

「天狗の鼻」がどんな用途なのかはまだ不明な部分が多い。下唇鬚のみでなく、触角が長いことも外見上の特徴である。

翅の裏面は暗い褐色で、吸水している
ときや休憩しているときには地面や枝
に溶け込んで擬態となる。

飛翔は俊敏で、高所を素早く飛び交う様子がみられる。
羽化の直後には活発に吸水し、集団吸水がみられることもある。

コミスジ

分布 北海道から屋久島、種子島までみられる。

ミスジの名の由来でもある翅表にある3本の白い横線と、胸部の虹色の金属光沢が特徴的な美しい中型のチョウである。関東地方では4月下旬〜10月にかけて年3回の発生がみられる。

幼虫の食樹はハギ類、ネムノキなどのマメ科で、成虫はニガキなどの花で吸蜜したり樹液や熟れた果実、時には獣の糞で吸汁する様子もみられる。

タテハチョウ科のチョウであるが、葉上でとまって翅を広げた姿が特徴的である。バランスの取れた端正な外見は奥ゆかしい美しさを感じさせ、細密画を描く手にも自然と力が入る。

翅を閉じてとまるコミスジ。翅を開いて日向ぼっこをすることが多く、翅を閉じてとまるところを見かけることは珍しい。

スイー、スイーとリズミカルに羽ばたきと滑空を繰り返す特徴的な飛翔をみせてくれる。

クロコノマチョウ

分布 関東地方以南の低地帯などでみられる。

中型のチョウで、翅を閉じたまま雑木林の林床でジッとしている姿をよく見かける。成虫は春と8〜9月にかけてジュズダマやススキなどの葉に産卵し、幼虫はそれを食べて成長する。

翅裏面の色彩は地味な灰褐色から目立つ明褐色まで変異の幅が大きい。また、出現する季節によって翅型も異なる。成虫は主に柿やイチジクなどの熟れた果実で吸汁し、訪花性はみられない。

翅を閉じて休むクロコノマチョウと翅を開いたクロコノマチョウ。長年の観察でも、翅を開く姿は羽化の直後しか見かけたことがないくらい、翅を閉じてジッとしている印象の強いチョウである。

あまりにも動かないので、このチョウは飛ばない種なのではないかと長年疑っていたが、そんなことはなかったようで、夕刻近くに活発な飛翔姿を見かけることができた。熟れた柿を目当てに活発に飛び回る姿には驚かされた。

ツマグロヒョウモン

東北地方南部以南でみられる。分布範囲はどんどん北方へ拡大している。

中型、やや大きめのチョウ。本来は南方系で、20年以上前には東海地方南部から近畿以西にのみ分布していたが、最近では関東地方でも4〜11月まで成虫の姿がみられ、さらには新潟や長野でも分布が確認されている。公園などの広い場所を好んでゆっくりと飛び回る。食草のスミレ類に産卵するが、食草に直接産卵せず付近の草に産卵するときもある。幼虫は孵化した場所から食草まで自力で移動する。

メスのツマグロヒョウモンの写真。オスは翅全体が黄褐色なのに対し、メスは翅端が青黒色に染まり、その中に白帯がみられる。

40

オスメスともに吸蜜はかなり頻繁に行われる。特に産卵を控えたメスは体力補強のためにも吸蜜時間が長く、花にとまっている姿をよく目にする。

ツマグロヒョウモンの求愛と交尾。オスはメスを見つけると素早く追尾し、交尾を求めるが、求愛の成立はメスの気が向くかどうかにゆだねられる。交尾は秋の初めによくみられる。

メスグロヒョウモン

分布 北海道から本州、四国、九州までみられる。

中型のチョウで、1年間で1度だけ、6月ごろに成虫の発生がみられるが、夏の盛りには夏眠をとるため、姿を消してしまう。食草はスミレ科のタチツボスミレ、パンジー、ビオラなどで、夏〜秋にかけて樹皮や枯葉、近くの小石に1卵ずつ産卵する。オスは湿地帯で吸水する様子もみられる。

オス

メス

オスメスで外見が全く異なり、オスは黄褐色、メスは青黒色の翅をもつ。

飛翔するメスグロヒョウモ
ン。オカトラノオなどの花
からの吸蜜が活発でオスメ
スともに長時間吸蜜してい
る姿がみられる。
緩やかに飛翔する姿が特徴
的で、メスは樹木の周囲を
飛び回り、樹皮にとまって
産卵する姿がみられた。

ヒョウモンチョウ類の食草の
スミレ。樹皮上で孵化した幼
虫はスミレを目指して自力で
旅をしなければならない。

ルリタテハ

分布 北海道から南西諸島まで日本全土でみられる。

中型の、翅表の水色の帯が美しいタテハチョウで、翅裏は地味な茶色の迷彩色である。成虫で越冬するのも特徴の1つである。

成虫は訪花性が低く、熟れた果実で吸汁をする様子がよくみられる。果実以外にも樹液や獣糞から吸汁をする。

44

飛翔は力強く、地表近くから大空高くまで、さまざまな場所を飛翔する。写真は落ちた柿を求めて飛翔する様子。

翅裏の色彩は地面に降りると周囲に同化して巧みな擬態をみせる。飛翔する際には力強く羽ばたいたり滑空をしたりとさまざまな姿をみせ、楽しんでいるかのような印象を与えてくれる。

アカタテハ

分布 北海道から南西諸島まで日本全土でみられる。

中型のチョウで、公園や草地でアザミなどの花の蜜を吸う様子が頻繁にみられる。
食草はイラクサ科やアサ科の植物である。

羽化したばかりのアカタテハ。羽化した成虫は体や翅が固まるまで動かずにじっと待つ。
翅の表面が明るいオレンジ色で、裏面は地味な茶褐色になっている。

46

山間の道路脇などの明るく開けた林縁などでみられることが多い。活発に吸蜜を行い、花々の間を俊敏に飛び回る。

飛翔能力が高く、日中は樹林帯の上空を俊敏に飛び交い、ときたま地上に降りて吸水する様子がみられる。花での吸蜜のみでなく、樹液や腐敗した果実にも集まることがある。

ヒメアカタテハ

分布 北海道から南西諸島まで日本全土でみられる。

中型のチョウで、明るい草地を好んでさまざまな花を訪れる。長距離移動をするという説があるが、詳細はわかっていない。毎年春になると南方から北上してくる生態があり、秋ごろにみられる個体数が最大になる。多くの個体が北上するが、関東地方以北では越冬ができないので、北上と死滅を繰り返す。

翅表は複雑な紋様で近縁種のアカタテハにも似るが、アカタテハよりも淡い色調で、少し弱々しい印象を与える。

ゴマダラチョウ

分布 北海道の一部と本州以南でみられる。

中型のチョウで、関東地方では年に2〜3回の発生がみられる。かつては数多くみられたが、最近では著しく減少し、心配になるほど少なくなっている。アサ科のエノキを食樹とするが、近縁種のアカボシゴマダラも同じ植物を食べるため、近年のゴマダラチョウの減少は急激に分布拡大したアカボシゴマダラに押しやられたのが原因ではないかと考えている。

成虫は活発に吸汁し、雑木林の樹液酒場に集まることが多い。近年はどの樹液酒場も常にアカボシゴマダラが優勢で、ゴマダラチョウはいまや少数派である。エノキの葉を探しても、見つかる幼虫はアカボシゴマダラばかりで、ゴマダラチョウは幼虫成虫ともになかなか出会えないというのがさみしい実情である。

樹液に集まったゴマダラチョウ
とアカボシゴマダラ

アカボシゴマダラ

分布 本来は中国から朝鮮半島、奄美群島でみられる。

南方系の中型のチョウで、中国から朝鮮半島にかけて分布する種であったが、愛好家による勝手な放虫が原因で日本に広まったと考えられており、特定外来生物に指定されている。地球温暖化の影響もあってか、日本国内でも広く定着し、関東地方では1995 ～ 1998年以降からよくみられるようになった。今後も急速に分布を拡大し、北上するのではないかと予測されている。

エノキに産卵する
夏型のアカボシゴマダラ

在来種のゴマダラチョウと同様、エノキに産卵し、幼虫の食樹として利用する。

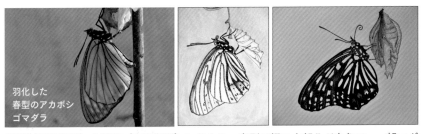

羽化した
春型のアカボシ
ゴマダラ

春型（低温期型）と夏型（高温期型）に分かれ、春型は翅の大部分が白色で、一部マダラ模様の個体が出現する。夏型は淡黒色のマダラ模様である。潜在的な強さを感じさせる精悍な美しさがある。

羽化は午前中にみられ
ることが多く、蛹から
脱出する成虫の動きに
はメリハリがあって力
強さを感じさせる。

食樹であるエノキの樹上を優雅に羽ばたくアカボシゴマダラ。1～3匹のオスがメスを
追いかけ、求愛の競争を展開している。

アサギマダラ

大型のチョウで、長距離の渡りをすることで有名である。主な越冬地は関東地方の温暖な地域以南に限られるが、毎年のように渡りを繰り返し、春は南方から本州方面を北上し、秋は逆に南下する。幼虫の食草はキョウチクトウ科のキジョランやイケマ、オオカモメヅルなどである。

大型の種で、翅表は淡い水色（あさぎ色）が中心で後翅外縁部に赤褐色の模様があり、独特の優雅さを漂わせる。ヒヨドリバナに訪花して吸蜜する動作もこころなしか気品に満ちている。

毎年アサギマダラが近くの公園に飛来する季節が近づくと、まだかまだかと期待がつのる。無事出会うことができれば、今年も来てくれてありがとう、とうれしくもなる。

アサギマダラの飛翔はフワフワとゆっくり滑空するような格好で、こんな飛び方で長距離を旅するというのだから驚きである。2000ｋｍ以上を移動した個体の調査記録もある。

モンシロチョウ

分布 北海道から南西諸島まで日本全土でみられる。

中型のチョウで、耕作地周辺に多く生息し、食草のキャベツ類とともに世界中に分布を広げた種として有名で、畑などでよくみられるのに対し、都市部や市街地ではあまり見かけない印象である。特にキャベツ畑周辺では個体数が多い。

飛翔力も高く、吸蜜や求愛で飛び回る姿がよくみられる。
長く観察をしていると、とくに白い花と青い花を好んで吸蜜するように感じる。

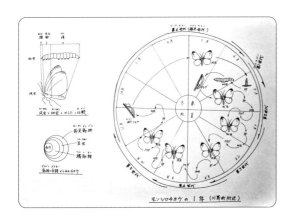

神奈川県の川島町で行われたモンシロチョウの1年の生活に関する講習会の資料。
身近な印象のある虫でも、生態についてしっかりと学んでみると思いのほか知らないことが多く、勉強になった。

キャベツ畑や花の周りを複数で飛び回る姿がよくみられる。春先に白い翅を羽ばたかせて飛翔する姿はさわやかな印象を与えてくれる。

春の終わりにはキャベツやダイコンの葉に産卵する姿がみられ、よく探せば小さな黄色い卵が産み付けられているのを見つけることができる。幼虫は淡い緑色で葉にまぎれて擬態する。

スジグロシロチョウ

分布 北海道から九州までみられる。

中型のチョウで、市街地の日陰にある草地や林縁環境に多く生息し、日向ではモンシロチョウが多く、日陰ではスジグロシロチョウが多くみられる印象である。食草はアブラナ科のコンロンソウやタネツケバナ、イヌガラシなどである。モンシロチョウは栽培植物を利用するが、スジグロシロチョウは野生種を食草として利用することも生態上の相違である。

翅の表裏の翅脈部分にある黒い筋は、オスでは薄く、メスでは濃く表れる。

成虫はタンポポやノアザミ、タチツボスミレなどの花を次々と訪れ、活発に吸蜜を行う。

求愛、交尾は頻繁にみられる。オスはメスを発見すると追いかけて求愛をする。写真のようにメスが葉に張り付いて腹部を突き上げるしぐさは求愛に対する拒否反応で、オスはメスに受け入れてもらえるまで何度も求愛を繰り返す。

モンキチョウ

分布 北海道から南西諸島まで日本全土でみられる。南西諸島では一年中みられる。

中型のチョウで、春先3月ごろから11月ごろまで長くみられる身近な種で、日当たりのよい野原を好む。オスはその名の通り黄色い翅が特徴的だが、メスには黄色型と白色型がいる。

飛翔力が強く、草原を素早く飛び回る。春に咲く白、黄色、紫の花を好んで吸蜜する。

ツマキチョウ

分布 北海道から九州、屋久島でみられる。

小型のチョウで、年1回、3〜6月にかけて発生する。前翅の先端がカギ状に曲がって突起を形成する。前翅先端部の色彩はオスでは橙色、メスでは白色で、翅の裏面は繊細な迷彩模様になっており、美しい外見である。食草はアブラナ科のハタザオ、タネツケバナ、イヌガラシなどである。

林道などで道に沿って飛翔する習性があり、モンキチョウ同様、春に咲く黄色、白色、紫色の花を好んで吸蜜する。

イチモンジセセリ

分布 北海道から南西諸島まで日本全土でみられる。

地味な色彩のどこでもみられる小型のチョウで、このチョウの名前を認識している人は少ないかもしれないが、幼虫は稲を食べる害虫でイネツトムシという名前で広く知られている。関東地方では成虫が年に３～４回発生する。食草はイネ科やカヤツリグサ科で、特にイネ科を好む。

茶褐色の翅に白斑が一列に並ぶのが和名の由来である。

飛翔力が高く、目にもとまらぬ速さの羽ばたきで素早く飛び交う姿をよく見かける。季節による移動性があり、100km程度を移動した記録もある。

アオバセセリ

分布 本州以南でみられる。

中型のチョウで、渓流沿いの暖帯林を好んで生息し、オスは山頂や雑木林周辺の
コースを俊敏に飛翔し続ける様子がみられる。また、吸蜜も活発で花から花へと
飛び続ける。吸水性は顕著ではないが、鳥の糞に集まって吸汁している様子もみ
られる。

翅の色は全体的に青
緑色で、後翅末端は
鮮やかな橙色に染ま
る。翅裏も青緑色の
中に翅脈の黒い筋が
浮いていて美しい外
見である。

飛翔は素早く、青空をバックに写した左の一枚は見事な写真に仕上がった。
俊敏に飛び交うため、シャッタースピードを上げることは撮影に欠かせない。

小型のチョウ

草むらを飛び回る小型のチョウはしばしば見逃されがちだが、じっくりと観察をしてみればその繊細で美しい姿に気づくことができる。

ヤマトシジミ

分布 東北地方以南でみられる。

住宅地に多く生息するシジミチョウである。オスの翅は光沢のある青色で、メスでは大部分が黒褐色に染まり、ときに青色の斑紋が表れる。幼虫はカタバミの葉の裏部分のみを舐めるように食べるため、葉に透けるような食痕をのこす。関東地方では3〜5齢幼虫で越冬するが、暖かい日には幼虫は摂食を継続する。春先には成虫数は比較的少なく、夏以降に多くみられるようになる。

地表近くを飛び交い、吸蜜、交尾、産卵などせわしなく活動する。食草のカタバミ類さえ生えていればほぼどこでも生息する生存力の強い種である。

柿で吸汁するキタテハの周りを飛び回って追い立て、そのまま追いかけまわしている様子がみられた。この行動が遊びなのか餌を奪おうとしたかはわからないが、自分よりも大きな相手を追いかけまわす姿にはヤマトシジミの潜在的な強さを感じさせられた。

オスがメスに近づいて求愛を3度ほど繰り返し、やっと認められてついに交尾ができた。

ルリシジミ

分布 北海道から九州、トカラ列島でみられる。

吸蜜が活発で、春はフジやミズキ、夏〜秋にかけてハギやクズなどの多岐にわたる植物に産卵するため、成虫がみられる場所も変化する季節に敏感なチョウである。花の蕾に好んで産卵し、幼虫もそれを食べる。食樹はマメ科のフジやクズ、ミズキ科やタデ科の植物類である。

翅表は瑠璃色、翅裏は白色が基調となっている美しいシジミチョウで、とまった姿も飛翔する姿も端麗である。模様がシンプルなこともあって細密画も描きやすい。

飛翔は地表間近の低い位置であることが多く、羽ばたきと滑空を使い分けて長時間飛び続ける。

ツバメシジミ

オスの翅は鮮やかな青色で、後翅の裏側のへりに橙色の斑紋があり、その先に小さな尾状突起がある。

ルリシジミにもよく似た外見だが、尾状突起があるのがツバメシジミの特徴である。オスの翅裏にある赤い斑点も外見上の特徴であり、他のシジミチョウと交ざって集団吸水していても判別が容易である。

オスが集団吸水する姿がたびたびみられる。地表間近を飛翔するため、小型であることもあいまってよほど注意をしないと見逃してしまう種である。

ムラサキシジミ

分布 関東地方北部から南西諸島までみられる。

小型のシジミチョウで、訪花性が低く、樹液から吸汁することが多い。昔は関東地方では見かけない種であったが、近年ではすっかり定着したようで、雑木林の林内や林縁の明るく開けた場所で日光浴をしている姿をよく見かける。田畑の畔道などの日向を好み、主な食樹は、アラカシやシラカシなどのカシ類で、他にもコナラ、クヌギなどの落葉性ブナ科の新葉からも幼虫が見つかることがある。

翅裏が枯葉模様であるのに対し、翅表は光沢のある青紫色で光を反射して美しく輝く。飛翔する姿は紫色の光が点滅するようでなかなかに見応えがある。

体は小さいが飛翔力は強く、青紫色の翅を上下に力強く羽ばたいて飛び続ける。その美しい飛翔姿を細密画に表現できたら面白いと思っているのだが、なかなか難しく、私にとってはこれからの課題である。

ムラサキツバメ

分布 関東地方以南から南西諸島までみられる。

ムラサキシジミに酷似しているが、大きな違いはムラサキツバメには尾状突起があるということである。年間で3〜4回ほどの発生があり、秋ごろに最も個体数が多くなる。食樹はブナ科のマテバシイやシリブカガシなど。幼虫はアリと共生することが有名で、分泌する蜜をアリに与える代わりに外敵から保護してもらうという面白い生態をもっている。

オスの翅表は全体が暗い色調の青紫色で、メスは前翅の中心から後縁にかけて鮮やかな青紫色部があるのが特徴で、見慣れれば外見だけでオスメスの判別がつくようになる。

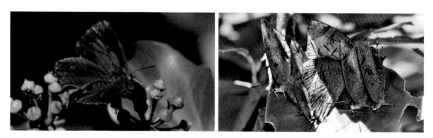

飛翔はあまり得意でないのか、大きな羽ばたきや活発に飛び交う姿はみられない。数匹で身を寄せ合って集団越冬する特徴的な生態をもち、食樹であるマテバシイなどの葉の上を探すと出会えることがある。まれに近縁種のムラサキシジミが越冬成虫の群れの中に紛れていることもあってなかなか興味深い。

ウラナミシジミ

分布 本州以南でみられる。

分布の広い種であるが、越冬は関東地方の温暖な地域以南でのみ可能で、毎年越冬地から北上し、晩夏〜秋にかけて東北から北海道にまで分布を広げる。草地や公園などでよくみられ、秋の初めには個体数が多くなる傾向である。産卵はマメ科植物のつぼみや果実に行う。

翅の表面は淡紫色から青紫色で光沢があり、裏面は波状の斑紋で彩られている。後翅外縁の端には2つの黒点があり、小型ながらも美麗なチョウである。

交尾しているオスメスに対して、他のオスが近寄ってアタックする様子がよくみられる。
邪魔された２匹はそれに見向きもせず交尾を続けるようだ。

吸蜜のために飛び回る姿がみ
られる。オスは普段は吸蜜と
飛翔を繰り返し、メスが近
寄ってくると求愛行動を示
し、成功すれば交尾へと進む
ことができる。

邪魔者のオスによるアタック
はことごとく失敗し、ついに
はあきらめて飛び立った。産
卵はエンドウ、ハギ、クズな
どのマメ科植物に行われる。

ウラギンシジミ

分布 東北地方南部以南の本州から九州、奄美群島と八重山列島でみられる。

翅裏の銀白色が特徴的なシジミチョウで、よく目立つ外見のため遠くからでもすぐに見つけることができる。食草はフジ類やクズで、渓流沿いの樹林帯や公園などでみることができる。

オスの翅表面は黒い縁取りの中に橙赤色の紋があり、メスでは銀白色の斑紋がある。翅裏面はオスメスともに全面が銀白色で、名前の由来にもなっている。

オスのウラギンシジミの翅の表裏。
翅を開くと派手な色彩でメスを誘引するが、閉じると地味な色合いで周囲に溶け込む。

柿が熟すころになると、どこからともなく青空を背景にさっそうと飛来する。写真の柿には先客のルリタテハがいたが、気にせず仲間入りした。

２匹の成虫がツバキの葉の裏で越冬している様子。派手な翅色だが、こうしてみてみると周りの風景に溶け込んでいる。

ベニシジミ

草むら、人家周辺、公園などできわめて普通にみられるシジミチョウで、少しの草地さえあれば市街地でも生息することができる。成虫は年に４〜６回ほど発生し、春型と秋型は小型で翅の表面が鮮やかな紅色であるのに対して、夏型は少し黒化した個体が多い。秋ごろに成虫が多くみられる。

花や草にとまるベニシジミ。少し翅を開いており、翅表の美しい紅色をみせてくれている。
左下は翅裏の模様を細密画で再現しようと試みた一枚。描き終わった後も翅表を描くべきだったのではないかと悩んでしまうほど、ベニシジミの美しさは複雑である。

74

小型ながらも飛翔能力は高く、ヒョイヒョイと地表付近を連続して飛翔する。左は追い
かけっこをする様子、右は吸蜜中のツマグロヒョウモンの周囲を飛び回る様子である。

交尾するベニシジミ。産卵はタデ科のスイバやギシギシに行う。

第2章

ガのなかま

チョウと比べて暗く地味な印象のガだが、じつは美しい色彩をもつ種が多く、その一部は街路樹や公園などの身近な自然の中でも見かけることができる。

オオスカシバ

分布 関東地方以西の本州から南西諸島でみられる。

中型のガで、花壇に飛来する姿がよくみられる昼行性のスズメガの一種。本来は南方に生息するが、幼虫の食草であるクチナシの分布が広がるのにともなって生息範囲が広がっている。庭のクチナシに幼虫がついていることがあるが、あえて駆除せずに飼育してみるのも面白いかもしれない。

名前の通り翅が透明で腹部の赤、黄、黒の彩りが美しい。腹端には黒い毛束があり、特徴的な体形を形成している。ハチドリのようにホバリングをしながら花々の間を飛び交う姿は印象深く、美しい光景である。

ホバリング飛翔をしながら花に近づき、前脚をのせて長い口吻で吸蜜する様子。鮮やかな体色が花の色にマッチして幻想的な風景になっている。

翅を広げて葉の上で休憩するオオスカシ
バ。立派な触角と透明な翅、彩り豊かな腹
部と黒い毛束、どこをみても風格を感じる
外見である。名前の由来にもなっている透
明な翅だが、羽化直後は灰白色の鱗粉が付
いており、羽化してすぐ翅をふるわせて鱗
粉を落とすことで、スカシバの名の由来で
もある透明な翅になる。

コスカシバ

分布 北海道から九州までみられる。

ハチに似た外見の小型のスズメガで、公園や里山の葉の上でよくみられる一般的な種である。幼虫はモモやウメの木を食べる害虫として有名で、メスの分泌する性フェロモンを利用して交尾を阻害する防除法まで開発されている。

細長いシルエットと黒黄の縞模様はハチそのもので、外敵をあざむく見事な擬態である。

80

産卵の時期になるとサクラやウメなどの樹幹へ何度も産卵する姿がみられる。幼虫は樹肌からもぐりこみ、樹皮と木質部の間を食害して木を弱らせるため、古くから樹木害虫として注視されている。

産卵行動を激しく執拗に繰り返すメス。小さなガであるが、環境に大きな影響を与える強い力をもった種である。

カシコスカシバ

分布 本州と九州でみられる。

コスカシバ同様、ハチに擬態した小型のスズメガであるが、コスカシバと違って外見は黄色が基調である。飛翔は速く、飛んでいる姿は一層ハチに似る。スカシバの仲間の特徴でもある鱗粉の落ちた透明な翅がハチへの擬態を一層強めている。

ムモンホソアシナガバチ（右上）に紋様が酷似している。よく観察すれば違いは明瞭だが、外敵にとっては判別が難しいのだろう。

82

食樹であるブナ科植物の樹幹の裂け目に近づいていく。樹皮下で幼虫が生活できるように、産卵に適したちょうどいい裂け目を見つけるのもメスの役目である。

樹幹に良好な裂け目を見つけ、産卵管を押し当てて産卵を始めた。1つの場所でこの動作を何度も繰り返して複数回の産卵を行う。

モモブトスカシバ

分布 北海道から九州までみられる。

ガとは思えない独特な外見の小型のスズメガで、マルハナバチに擬態していると
されている。特徴はなんといっても後脚に密生したフサフサの毛束である。

昼行性で活発に飛翔する。
ネジバナなどの野草の花を好んで吸蜜する。葉にとまる姿がハチにそっくりである。

84

飛翔する姿をよく見かけるが、どうも毛束が重いのか、邪魔そうにしている印象を受けてしまう。飛んでいる姿はユニークだが、葉の上に静止すると毛束の模様がハチのようにみえてくる。面白い擬態の形である。

豪華な毛束をたくわえて悠然と飛翔する姿は雅な美しさがあり、観察すればするほど面白い種である。

ホシホウジャク

分布 北海道から南西諸島まで日本全土でみられる。

中型のスズメガ。前翅は黒褐色で、後翅に黄橙色の斑紋があり、飛翔時にはよく目立つ。アザミで活発に吸蜜し、その間のホバリング飛翔が印象的な種である。7～11月ごろに市街地の公園で多くみられるが、特に秋に個体数が多くなる。幼虫の食草はヘクソカズラなどである。

よくみると
不思議な顔である

飛翔時には素早い羽ばたきでホバリングを繰り返す。飛び疲れたのか、翅をたたんで地味な色彩で休息している姿を見かけることもある。

ホシヒメホウジャク

分布 北海道から九州までみられる。

ホシホウジャクよりもやや小型で、同じ時期に雑木林の下草へ飛来する。巧みにホバリングしながら吸蜜を繰り返し、せわしなく活動する姿がみられる。食草はヘクソカズラなどで、秋になると多発する。

前翅の紋様と後翅の鮮やかな橙色が美しい。
翅の形が特徴的で、後翅前縁から翅頂にかけて外側にふくらみ、前翅の後縁も内側に大きく湾曲している。

ヒメクロホウジャク

公園などで日中に活発に活動し、野草の花をホバリングしながら吸蜜する様子がよくみられる。発生は年間2〜3回程度で、5〜10月にみられるが特に秋に多くみられる。幼虫の食草はアカネやヘクソカズラなどである。

体色は腹部の前半が黄緑色、後ろ半分が黒褐色。翅は茶褐色で、前翅には淡い褐色の帯模様があり、後翅は基部が橙色に染まる。

シロモンノメイガ

分布 北海道から南西諸島まで日本全土でみられる。

大きさ10mm程度の小さなガであるが、澄んだ黒色の翅の中に白紋がちりばめられた美しい外見で、普段は葉の裏にとまって静かに過ごし、昼間、気温が上がると飛び立って吸蜜を行う。飛翔姿は優雅で、黒い翅の白紋がよく目立つ。

小さな野草の花にとまって口吻を伸ばして吸蜜する姿は愛らしく、そして優雅でもある。

キアシドクガ

分布 北海道から九州までみられる。

中型のドクガ。前脚の脛節とフ節、中後脚のフ節が黄色くなっていることが特徴で、種名の由来にもなっている。ドクガ科に属しているのでドクガの名が付いているが、幼虫や成虫には毒はない。年1回、6月に発生する。発生時期にはしばしば大群となって出現し、草木の上空を我が物顔で飛び回る。

白い翅と黄色い脚、黒色の目と触角が特徴的な外見を構成する。オスでは長い触角から細い毛が羽毛状に出ており、メスでは触角は両櫛歯状でやや短い。これはオスがメスの出すフェロモンを探知するための機能的な相違である。

終齢幼虫による食害はすさまじく、幼虫の大群は食樹であるミズキの葉をあっという間に丸坊主にしてしまう。おぞましい光景であるが、幼虫のシーズンが過ぎると、ミズキはまた若葉を生やしてたちまちに元の姿に戻してしまう。

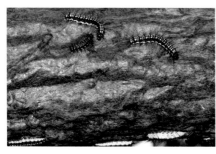
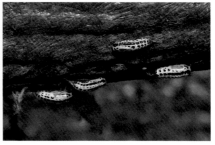

ミズキの葉を食べつくした幼虫たちは近くの手すりに集合して集団で蛹に変態し、しばらくすると一斉に羽化して周囲を白色に染め上げる。

羽化したキアシドクガは翅を伸ばして乾かし、空中へと飛び立つ。羽化のタイミングはほぼ一緒で、要領のよいオスとメスが羽化の直後にその場で交尾をする姿もみられる。

害虫とはいえ、多くのキアシドクガが飛翔する風景は6月の情緒だろう。昼間に飛翔するというガの中では珍しい生態も印象に残りやすい理由だろう。

第3章

トンボのなかま

素早く飛び回るトンボたちは季節の風物詩としても楽しまれ、古くより愛されてきた昆虫である。身近にみられるトンボたちはさまざまな生態をもっており、その観察はじつに楽しいものである。

ギンヤンマ

分布 北海道から南西諸島まで日本全土でみられる。

65 〜 84mm程度の大型のトンボで、昔も今もトンボの仲間を代表する存在として愛される種であり、水辺を飛び回る姿はどこか懐かしげで、身近ながら飽きない魅力がある。とくに腹部基部がオスでは鮮やかな空色、メスは緑色になっているのが外見上の特徴である。昔は夕刻に群飛する姿に感動したが、最近ではすっかり個体数が減り、群飛姿は幻の風景となってしまった。

水辺でギンヤンマを観察していると、ウチワヤンマと接近する姿をよく見かける。この2種の関係はきわめて険悪で、ウチワヤンマがギンヤンマの産卵を邪魔したり追いかけあったりするのを見かけることもある。

猛烈なケンカを繰り広げるギンヤンマとウチワヤンマ。上をとったギンヤンマがウチワヤンマを押さえつけて水没させ、勝負がついた。激しいケンカではあったが、相手を殺しはしないという加減を両者ともわきまえているようだ。

ウチワヤンマ

分布 本州、四国、九州でみられる。

70〜87mmの大型のサナエトンボで、公園の大きな池にある杭にとまってその近辺をテリトリーとし、テリトリーに侵入したトンボ（同種であっても他の種であっても）を追いかけまわし、追い出したかと思えばすぐに杭に戻って休んでいるという様子が頻繁にみられる。1日のほとんどの時間杭にとまって飽きもせず周りを見回しているので、まるで池を独占した気になっているのではないかと思ってしまう。

特徴はなんといっても腹部第8節がウチワ状に広がることである。この構造のおかげで遠くから観察していてもひと目でウチワヤンマだと識別することができる。ウチワの役割についてはさまざまな説が存在するが、いまだに不明である。

日差しが強い日には尾端をもち上げる様子がよく見られる。暑さをしのぐための姿勢ではないかと考えている。

オスはテリトリー内にメスが飛んでくると、すぐに交尾を行う。メスを尾端で掴んで飛翔し、産卵場所へ到達するとメスを離して産卵をさせる。メスが産卵している間、オスはその上空で見張りを行う。卵は粘着性の糸でつながっており、水中で植物などに絡みつく。

オニヤンマ

分布 北海道から南西諸島まで日本全土でみられる。

大きさ82 〜 114mmと日本産のトンボの中では最大種で、いかつい顔つきと体の黒黄の縞模様は「鬼」を連想させる。平地から山地の渓流に生息し、複数のオスが流れに沿ってパトロールのように上流と下流を巡回する姿をよく目にする。

オスは交尾相手のメスを探すために水面近くを飛び回り、疲れると付近の草や枝にしがみついて休憩する。

正面からみるといかつい顔つきである。

産卵中のメスを発見したオスがすかさず交尾してメスを連れ去った。メスはぶら下げられながらものん気に餌を食べている。

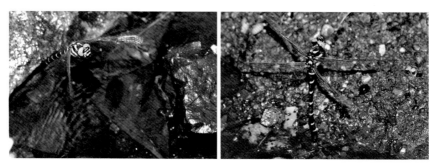

メスの産卵。渓流で大きな体を垂直に立てて水中の泥底に生殖弁を突き立てて産卵する。オニヤンマらしい豪快な産卵である。

幼虫（ヤゴ）の体の表面はザラザラで毛深く、頭部は角ばった紡錘形で腹先にエラがないのが特徴である。
幼虫は泥底で4年生活して羽化するようだ。

ヤマサナエ

62 〜 73mmの大型のサナエトンボで、平地や丘陵帯の川沿いや田畑の脇を流れる用水路でもよく見かける種である。晩春に出現することが多い。水質がきれいなことの指標にもされるトンボである。

複眼が離れていることがサナエトンボの特徴で、ヤマサナエは細身で黒と黄の縦じま模様が美しい。大きな体ゆえに飛翔があまり得意でないのか、渓流や用水路の近くの草や杭など低い場所にとまっていることが多い。飛翔したかと思えばすぐにとまって休むので、観察しやすいトンボである。

羽化したばかりのヤマサナエ。羽化は早朝に行われ、渓流の浅場にある杭の上で羽化し、
翅と体が固まるまでじっと留まっていた。羽化したばかりで淡い体色も体が固まるのに
ともなって鮮やかな色に変わっていった。よくみるとそばに脱皮した抜け殻がある。

オスのヤマサナエが空中でモンシロチョウを捕らえ、枝にとまって食事をしていた。食
欲旺盛で肉食性が強く、飛翔して大きな獲物を捕らえる姿がみられる。右の写真はメス
で、オスに比べてひと回り小さく、水面近くを飛翔していた。

ヤブヤンマ

分布 本州、四国、九州、南西諸島でみられる。

体長79 〜 93mm程度の大型のトンボで、大きな池よりも小さく暗い水たまりや
池沼を好んで生息する。朝と夕に丘陵の谷間を飛翔する姿がみられることもある。

ヤブヤンマ特有の青い複眼が美しい。特にオスでは澄んだターコイズのような色調で、
一度みたら忘れられない外見である。

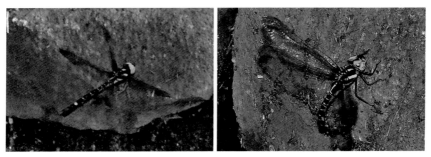

メスは、小さく暗い池を好んで産卵する。水面ではなく池の脇にある石の側面のコケに
産卵するという変わった習性をもっている。

コシアキトンボ

分布 本州、四国、九州、南西諸島でみられる。

公園や草地の水たまりに生息する中型トンボで、生息範囲は広い。羽化後の未熟個体は付近の雑木林に10匹前後の小集団で移動するという特徴的な習性をもっている。縄張り意識が強く、他のトンボが近寄ると、スピードを上げて追尾する。

黒い体の中で、腰の部分だけが白色に抜けることから、「腰空き」と名前が付けられた。

腹部を折り曲げて池の杭や石の側面に産卵するコシアキトンボ。産卵の時期になると産卵行動を懸命に繰り返す様子がみられる。

シオカラトンボ

分布 北海道から南西諸島まで日本全土でみられる。

50mm前後の中型のトンボ。知名度の高いトンボのひとつで、市街地でも見かけることが多い。5〜10月ごろにみられ、体色は羽化後は黒っぽい茶色だが、オスは成熟にともなって体表から青白い粉をふくようになり、これが塩辛昆布に似ていることがシオカラの名の由来であるともいわれている。

メスの顔

オスは特徴的な空色であるのに対し、メスの体色は成熟しても淡黄色のままで、ムギワラトンボとも呼ばれている。複眼の色もオスが濃い青色であるのに対して、メスは青がかった緑色である。
炎天下でオス同士で追いかけまわして遊ぶ姿や、大きなチョウや他のトンボを捕食する姿を見かけることもある。

オスは縄張りをもち、縄張りに入ったメスと交尾し、産卵に至る。交尾行動の頻度が高く、産卵している姿をよく見かけるのもシオカラトンボの特徴の1つである。

メスは飛びながら水面をたたいて産卵する（打水産卵）。水滴とともに卵を杭などの障害物に飛ばして付着させる習性もある。

シオヤトンボ

分布 北海道から九州までみられる。

４月末〜６月ごろのみにみられる中型のトンボで、植えたばかりの苗代の上を飛ぶ姿が印象的である。体色はシオカラトンボと似るが、シオカラトンボよりひと回り小さく、腹端まで青色であることが区別点である。湿地や水田でよくみられる。

オスは全身に塩の粉を吹いたような体色で、「塩屋」の名の由来となっている。メスは明るい黄色で、日向ぼっこしている姿がよく似合う。

小さいながらも肉食性が強く、飛翔してアブやトビケラなどの小型昆虫を捕食する姿を
見かけることができる。

交尾するオスとメスのシオヤトンボ。交尾後には水路
で打水産卵を行う。何度も繰り返し打水産卵する姿は
勤勉ささえも感じさせる。

アキアカネ

分布 北海道から九州までみられる。

体長36〜43mmほどで赤い腹部背面が特徴的である。代表的な「赤とんぼ」で、平地や低地帯の沼や水田で卵、幼虫期を過ごし、6月下旬〜7月下旬に成虫がみられるが、盛夏になると1000m以上の高地に移動し、秋ごろに成熟した個体が平地へとまた戻ってくる。

外見は近縁種のナツアカネに似るが、夏に高山に移動し、秋に戻るのがアキアカネの特徴である。秋遅くまで多くの個体がみられ、水田や学校の校庭などの水たまりで産卵する姿は昔から続く秋の風物詩である。

秋ごろになると、高地で成熟した個体が平地に戻り、校庭の水たまりなどさまざまな水場で交尾産卵する姿がみられる。オスとメスが接合したまま盛んに打水産卵を繰り返す。

ショウジョウトンボ

体長41〜53mm程度の中型のトンボ。オスの成熟個体は全身が鮮やかな深紅色に染まるのが特徴的だが、未成熟個体は黄色い体色で、まるで別種のようにみえる。盛夏によくみられるトンボで、池の端の枝にとまって日を浴びているかと思えば突然飛び立ったり静止したりを繰り返している様子が観察できる。

オスのショウジョウトンボ。体と翅の基端部が鮮烈な深紅色に染まり、種名の「ショウジョウ」も赤色の染料のもととなる中国の伝説上の生き物に由来する。「あかとんぼ」と俗称されるのはアキアカネであって本種ではない。

メスのショウジョウトンボ。派手なオスとはうってかわって地味な体色である、

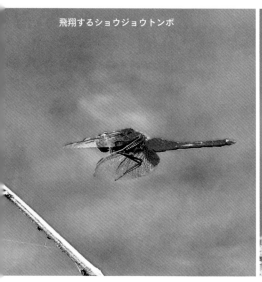
飛翔するショウジョウトンボ

気温の高い日に
尾端を上げて体を冷やす様子

メスの頭部を掴んで産卵場所へタンデム飛翔するオスと、打水産卵するメス。メスは産卵場所に到達するとオスと離れ、池の端の杭などの障害物に向かって打水して産卵する。

ヒガシカワトンボ

分布 北海道から関東、中部地方までみられる。中部地方から九州にかけては
別亜種のニシカワトンボが生息する。

49〜63mm程度の中型のトンボで、郊外の畑地脇を流れる水質のよい小川など
の近くの枝や葉の上にとまっている姿がみられる。オスは縄張り意識をもち、一
生を水辺から離れずに過ごす。川辺から離れないその生活スタイルが名前の由来
なのではないかと感じる。

メスの翅が透明な無色翅型であるのに対し、オスの翅は無色翅型と橙色の橙色翅型の２
型がある。羽化直後は青銅色の光沢を帯びた体色は成熟すると白粉をかぶったような質
感に変化し、精悍さを増していく。

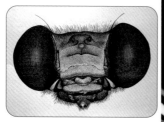

細密画を描いてみると、その
精悍な顔つきのなかに優しさ
が同居しているのを感じた。
小さいながらも迫力のある美
しいトンボである。

川辺でオスとメスが出会い、交尾を行い産卵に至る。産卵は渓流の中の木片や植物の根
などの安定したものに行われる。尾端の産卵管を対象物に差し込んで卵が流されないよ
う長い時間をかけて丁寧に産み付ける。

オオアオイトトンボ

分布 本州から九州までみられる。

50mm程度と小型ながらも、イトトンボの中では大きい部類である。初夏に羽化するが、秋ごろまでは雑木林の中で過ごすため、秋本番になると水辺で見かける種という印象がある。常に翅を半開きにしてとまるのが特徴の1つである。クモの巣に突進しては器用に小型のクモを捕食している場面をよく目にする。

アシ原の水辺で羽化した様子。羽化後には気温にもよるが、1〜3時間程度動かずに体が固まるのをじっと待つ。

114

オスは水辺を縄張りにしてメスの飛来を待ち、飛来したメスとすぐに交尾を始める。タンデムの姿勢ではメスが尾部を曲げて交尾を行うが、このときに姿勢がハートを形作る。

オツネントンボ

分布 北海道から四国、九州の一部でみられる。

小型のトンボ。成虫の姿で越冬する。1年を通して体色はほとんど変化しない。従来より、冬眠の間はほとんど動かないといわれていたが、実際には冬季でも森林の下草で活発に飛翔して捕食する姿が目撃されている。

小型なのもあって飛翔する姿を撮影するのは難しいだろうと思っていたが、意外にも飛翔速度が遅く、容易に撮影ができた。観察していると、クモの巣に自ら飛び込んで小型のクモを捕食している場面に何度か出くわすことができた。

116

ホソミオツネントンボ

分布 北海道中部から奄美大島までみられる。

近縁のオツネントンボ同様に小型で、ホソミという名前であるが、オツネントンボと体の細さは変わらない。両者の相違点は、ホソミオツネントンボは翅を閉じた状態で前後翅の縁の紋が重なることである。林の中で越冬するが、4〜5月ごろになると産卵のために水辺で飛び回る姿がみられる。

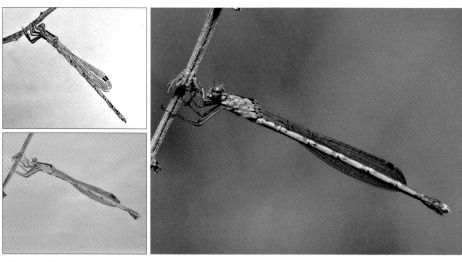

羽化した後の体色は淡褐色であるが、越冬を経験するとオスは青色、メスは緑青色に変化する。どちらも鮮やかな色彩で、交尾の際にハートの形に交接する姿もかわいらしく、池を彩っている。

第**4**章

ハチのなかま

かわいらしい姿でせっせと飛び回るミツバチやハナバ
チから、凶暴なスズメバチまで、ハチのなかまにはさ
まざまな種が含まれている。それぞれ興味深い生態を
もち、撮影も観察も楽しませてくれる。

ニホンミツバチ

分布 本州から九州までみられる。

体長10 〜 13mm程度の日本に古来より生息するミツバチで、性格はおとなしいが飼育はやや難しいとされている。セイヨウミツバチと比較すると体色はやや黒く、よく観察すれば判別は容易である。

体色は黒色の部分が多く、黄色い縞模様が特徴である。
働きバチは吸蜜と花粉採集に精を出す。集めた花粉は団子状に丸めて後ろ脚に付着させている。

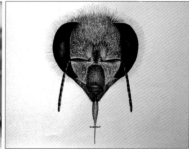

ニホンミツバチの顔つきは少し野性味のある印象であるが、優しい性格で、毎日の仕事を忠実に果たし、懸命に生きている。

樹幹に作られたニホンミツバチの大型巣（左）と、セイヨウミツバチの分封巣が集合した姿（右）。

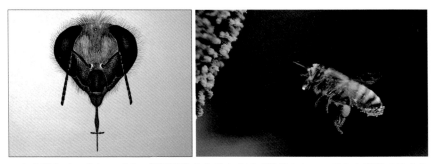

こちらはセイヨウミツバチ。明治時代より日本全国で養蜂され、ハチミツ産業のみならず農業全体を支えている。オレンジがかった体色で顔つきもニホンミツバチとはわずかに異なる。細密画を描いてみると、なんだか都会的な顔つきに感じてしまう。

ニホンミツバチの小型巣に天敵であるキイロスズメバチが飛来した。スズメバチ類はミツバチを襲って全滅させ、巣を奪ってしまう。

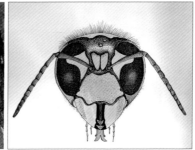

キイロスズメバチは精悍な顔つきで力も強い。獲物を襲うだけでなく、死んだり弱った昆虫を食べる自然界の掃除屋としての役割も果たしている。

ニホンミツバチはキイロスズメバチの
来襲に対して大群で応戦し、体を寄せ
合ってキイロスズメバチを囲み、体か
らの放熱で焼き殺す。
この戦術を「熱殺蜂球」といい、天敵
を収めた球の中心部は48℃にも達し、
キイロスズメバチを熱殺する。
巣の各所で攻防が広げられ、何匹もの
キイロスズメバチが殺されて地に落ち
ている。数えたところキイロスズメバ
チは40匹ほど殺されたが、それでも
執拗な攻撃を続け、最後には巣を占拠
してしまった。

コマルハナバチ

分布 本州から九州までみられる。

働きバチは体長13mm程度である。花粉媒介に多くの役割を果たすハチで、地中に巣を作るため、巣を見かけることはあまりない。

働きバチは体毛色のレパートリーが多く、種の判別が難しい。体表の毛が密生しているのが特徴的だが、よく観察すると毛先が揃わず、ぼさぼさとしているのがわかる。

オス

働きバチはせっせと花蜜と花粉を集めるために飛び回る。後ろ脚には集めた花粉をまとめた花粉団子がみえる。

観察しているとツツジやミカンの花を好むのがわかる。また、どうも日陰の花を好むようである。

メス

トラマルハナバチ

体長16mm程度。コマルハナバチ同様に花粉媒介者として有名なハチで、体の背面はほとんどが赤褐色の毛に覆われ、腹端と腹面に黒色の毛が生えそろっている。花の中に潜って体中が花粉まみれになる姿がよくみられる。攻撃性は低く、地中や倒木の下に作られた巣を掘り出しても刺されることはほとんどない。

草っぱらのツツジ、アザミなどを好んで吸蜜し、花に潜り込んで吸蜜するため、体に花粉を付着させて飛び回る。毛深さが特徴だが、細かく観察すると毛の長短があり、この複雑な被毛の様子を細密画で再現するのはじつに難しかった。

公園や草原などで花から花へと飛翔する姿がよくみられる。
口吻を伸ばして花へと近づく姿がかわいらしい。

よく飛翔をするためか、こうしてジョロウグモの巣にかかって捕食される姿も頻繁に目
にする。飛翔という能力は外敵から身を守るのにきわめて有効であるが、ここではジョ
ロウグモの方が一枚上手だったようだ。

ルリモンハナバチ

分布　本州から九州までみられる。

体長14mm程度のハナバチで、他種のハナバチの巣に産卵し、幼虫がその巣で餌の花粉団子を横取りして成長する「労働寄生型」と呼ばれる珍しい生態をもつ。このような労働寄生型にはなぜか美しい体色の種が多く、本種も例外ではない。青と黒の美しい体色からブルービーとも呼ばれ、幸運をもたらす青いハチとしても知られている。

吸蜜のために花から花へとせわしなく飛翔する姿はみていて飽きないもので、秋の一日に楽しみを与えてくれる。

クマバチ

分布 本州から九州までみられる。

体長20 〜 23mm程度のやや大きなハチで、春先にブンブンと騒がしい音を立ててホバリングしている姿がよくみられる。空中をホバリングして待機しているのはオスバチの縄張り飛翔であり、飛んでいる横に小石などを投げてやると縄張りに侵入した別のオスだと勘違いして血相を変えて追いかける様子がみられる。吸蜜行動が盛んで、花から花へと飛び回って蜜を集める。

メスバチ　　　　　　　　　　オスバチ

メスバチでは顔全体が黒色なのに対し、オスバチでは複眼がやや大きく、顔面に大きな
黄色い三角形がみられる。ホバリングするのはオスだけでメスは吸蜜に専念しており、
飛翔している様子でもオスメスを判別できることがある。

オスメスともに吸蜜が盛んで、大きな体を花にねじりこ
むようにして吸蜜している様子がみられる。オスバチは
毒針をもっておらず、人を刺すこともないが、メスバチ
は人を刺すことがある。オスメスともに非常に温厚な性
質だが、ちょっかいは厳禁である。

スズバチ

分布 北海道から九州までみられる。

体長は18〜30mm程度でハチの中では大型種である。ドロバチの仲間で、木の枝や石の表面に、泥と自分の唾液を混ぜて楕円形の巣を作り、その中で幼虫を育てる。巣の形状が鈴に似ていることが名前の由来となっている。巣作りや幼虫のための狩りは重労働であるようで、その時期には体力補強のためか、吸蜜する姿が頻繁にみられる。

頭部や胸部、腹部、尾端のバランスのよい体形で、細密画を書く際にはそのバランスに気を付けなければならない。ホバリングに適した体であるのに加え、優れた平衡感覚をもっているようで、吸蜜や運搬で器用に飛び回る姿にはユニークさを感じる。

丈夫でしっかりとした巣を作るためには上質な泥と水分が必要になる。繁殖を控えた親バチは湿った地面で水分を蓄えたり、土をかじって泥を蓄えたりと、せわしなく飛び回る。

水分と泥の収集はただでさえ大変な作業だが、それに加えて同種間で泥を収集する場所が競合し、小競り合いが発生したようだ。同種のケンカではお互いに相手を傷つけないように手加減をしているようだが、はたからは壮絶な戦いにみえてしまう。

泥と唾液で固めた巣は十数個もの部屋を有する大掛かり
な建築物である。巣の全貌が完成すると、最後にその入
口をトックリの口のような形に整え、産卵管を差し込ん
で産卵する様子がみられる。

スズバチの巣の中には、シャクガの幼虫（尺取り虫）などが幼虫の餌として蓄えられて
いる。巣の中に蓄えられた餌の昆虫たちは死亡しておらず、動けないように麻酔をされ
た状態で巣の中に入れられていた。長い期間保存するためのスズバチの知恵なのだろう。
孵化した幼虫は蓄えられた新鮮な餌を食べて巣の中で成長し、成虫に成長して巣の外へ
と飛び立つ。

オオスズメバチ

分布 北海道から九州までみられる。

働きバチの体長は27〜38mm程度。日本産のハチ類の中では最大種で、攻撃性が高く、刺されると大変危険なことは周知である。雑木林でクヌギ、コナラなどの樹液に集まる姿をよく目にする。危険なイメージもあってか、非常に怖い顔をしているように感じてしまう。

樹液に集まったオオスズメバチ。子育ての時期になるとチョウやガの幼虫を捕食したり、ミツバチの巣を襲ったりと悪事が目立つようになる。

交尾中のキアゲハを
狙うオオスズメバチ

交尾中の他の昆虫を狙ったり、樹液酒場に集まった他の昆虫を押しのけて樹液を横取り
したりと攻撃性を示している場面が多くみられる。

ハラナガツチバチを捕食したオオスズメバチ。捕食の対象は多岐にわたり、さまざまな
昆虫を捕獲して肉団子にして巣へと運ぶ。
秋の初めには他のスズメバチやミツバチの巣を集団で襲うこともある。

昆虫の中の絶対的な強者であるオオスズメバチも他の生物に襲われて命を落とすことはある。

写真は背中を何者かにかじられてもたくましく生きようとしている個体である。

ヨコヅナサシガメ数匹につかまり、吸血されて命を落としたオオスズメバチ。いくら強くてもそれなりに弱点はあるようで、自然界の公平さを感じさせられる一枚である。

クロスズメバチ

分布 本州から九州、奄美大島でみられる。

体長15mm程度の中型のスズメバチで、全身が黒っぽく、その中で黄色の細い縞模様がよく目立つ。平地から山地にかけて広く生息し、地中の穴や木の洞穴を活用し、枯れ木や木材のパルプを唾液で固めた巣を作る。一般にジバチとも呼ばれている。

成虫は吸蜜活動も行うが、盛んに昆虫や小動物の死体を肉団子にして巣へとため込む。

136

餌の幼虫を発見し、捕食したが、内臓を捨てて栄養価の高い部分だけを丸めて肉団子を
作っている。したたかな習性である。

よく働くだけあってのども乾くのか、湿地帯の水辺で吸水する姿もみられた。

ウマノオバチ

本州から九州までみられる。

このハチの特徴は何といっても、15〜24mmほどの体長に対して7〜9倍もある長い産卵管をもっていることである。この産卵管を器用に使ってクヌギなどの樹幹の穴に生息するミヤマカミキリなどの蛹（かつては幼虫と考えられていたが、近年の研究で蛹と指摘されている）へ産卵するという特徴的な生態をもっている。

独特な外見は書籍で読んで知ってはいたが、実物をみて驚かされた。こんなに長い産卵管でどうやって産卵するのかと探求心に火が付き、足しげく観察に通ったものである。

草原で吸蜜するウマノオバチを発見し、もしや近くで繁殖しているのではないかと思い、周囲のクリ林に急行したところ、盛んに産卵活動をしているところに出会うことができた。その後、夢中になって4週間ほど毎日のようにクリ林に通って産卵行動の観察を続けた。

産卵の細かい仕組みはいまだ不明だが、観察をしていると樹皮の隙間に産卵管を差し込んですぐに引き抜く場合としばらくしてから引き抜く場合があった。穴の中に産卵対象の昆虫がいることを確認しているのではないかと考えている。4〜7分程度産卵管を差し込んだまま動かず、引き抜いた後に入念に掃除をしているようならば、産卵が成功したとみて間違いないだろう。

シリアゲコバチ

分布 北海道から九州までみられる。

小型の寄生バチ。木の中や筒の中に営巣するアナバチやハナバチなどに寄生する寄生バチで、産卵管を腹部背面の鞘に納めた特徴的な外見をしている。木の中にいるハナバチなどの幼虫に産卵管を突き刺して産卵するが、後脚の基節と腿節が太く、産卵する際にふんばりがききやすくなっている。

木の中の幼虫に産卵する様子。産卵時には素早く産卵管を背中の鞘から抜き出すが、その動作はとても認識できないほどの速さなのである。いつかその瞬間を撮影したいというのが私の今後の課題の1つである。

オオハキリバチ

分布 北海道から南西諸島まで日本全土でみられる。

大型のハナバチで、メスは竹筒などに巣を作り、花粉や花蜜をたくわえて幼虫を育てる。ハキリバチの仲間は発達した大顎で植物の葉を切り取って巣作りを行うが、オオハキリバチは既存の穴に集めた松脂を詰めて巧妙な巣を作る。

体が大きく、大顎が発達した恐ろしい外見だが、じつは温厚な性格で、花粉や花蜜集めのために訪花する様子がよくみられる。

第 5 章

アブ・ハエのなかま

害虫として嫌われるアブやハエのなかまだが、ユニークな姿の種が多く、普段気にも留めていなかったアブやハエを意識して観察してみるとその面白さに気づくことができるかもしれない。

オオハナアブ

分布 北海道から南西諸島まで日本全土でみられる。

花の咲く里山や公園に多く生息する 14 ～ 16mm にもなる大型のアブで、「唇弁」（口器の一部）と呼ばれる折りたたみ式の大きな口吻を用いて花蜜を吸い取る。

吸蜜をするオオハナアブ。活発に吸蜜をするため、花粉媒介にも大きな役割を果たしている。

アブの仲間のいくつかの種では複眼に横縞のような模様があり、特徴的な外見をしている。このシワ模様にどのような役割があるかは不明だが、フィルターのようになっているのではないかと私は考えている。

飛翔は素早く、空中で器用にホバリングをしながら花へと近づいていく。翅を激しく上下に振りながら飛翔する姿はその大きな胴体からは想像できない軽快さを感じさせる。

観察を続けていると、しばしば水辺の湿地にメスが飛来し、産卵する様子がみられる。垂直に立って産卵するようで、後脚の太さは産卵姿勢を支えるためなのではないかと考えられる。

ナミホシヒラタアブ

分布 北海道から九州までみられる。

中型のアブ。ヒラタアブの仲間には似た形態の種が多く、撮った写真を持ち帰って種同定する際にはたいそう神経を使う。腹部背面の黒色と黄色のコントラストが目立つ。花上にいるのをよくみかける種で、盛んに吸蜜をしている。

花の上にいる姿がよくみられる。花蜜と花粉を食べ、特にメスは産卵を控えると体力補給として盛んに吸蜜をする。

活発に飛翔し、花芯へ頭をつっこんで夢中で吸蜜している姿もよくみられる。懸命に飛び回って全身で吸蜜する姿には一種の迫力さえも感じられる。

産卵は竹の葉や菊の葉の裏、アブラムシのコロニーの中に行われる。幼虫はアブラムシの体液を吸汁して育ち、成虫になるまで多くのアブラムシを殺すので、益虫としての側面もある。

アブラムシの群れの中に産み付けられた卵

アシブトハナアブ

分布 北海道から九州までみられる。

胸背に2本の黄色のタテ筋が走る中型のアブ。飛翔力が高く、12～1月の厳冬期にも飛び回って訪花する姿がみられるほど生命力の強い種でもある。幼虫は水中で腐敗した落ち葉を餌として生活し、尾端の長い管を水面に出して呼吸を行う。

後脚の腿節が太く、オスが交尾中の他のオスに覆いかぶさり、後脚を使って強引に押し出してメスを奪う姿を目撃した（右下写真）。小さなアブながら自然界のたくましさを感じさせられた。

シロスジナガハナアブ

分布 北海道から九州までみられる。

成虫は雑木林の下草や朽木周辺に生息し、ハチそっくりに擬態している。捕まえると腰を折り曲げてハチが針で刺すような動きまで真似する習性があり、擬態の精度には舌を巻くばかりである。

巧みな擬態は観察者をもだましてしまうほどなので、外敵も上手にやり過ごすのだろう。ハチに擬態する種は多いが、ここまでの精度で擬態するのには驚かされる。

キイロスズメバチと見比べるとその擬態精度の高さがわかる。

飛翔能力も高く、下草の間を縫うように低く飛ぶ姿が散見される。スギなどの枯れ材で隠れるような姿勢で産卵する。

キゴシハナアブ

分布 本州から南西諸島までみられる。

体長9〜13mm程度の小さなアブであるが、頭部の大部分を占めるほどの大きな複眼をもっていることが外見上の特徴である。秋に個体数が増加する傾向で、花から花へとせわしなく飛び回って活発に蜜を舐める。

黄褐色の巨大な複眼。よくみると、暗赤色の点がびっしりと散らばった模様である。この巨大な眼もよく見えるための進化の工夫なのだろうか。

花蜜を求めて飛び回る範囲は狭く、数匹が集まって飛び交う光景がよくみられる。スポンジ状の唇弁を使って花蜜を吸う。

ビロウドツリアブ

分布 北海道から九州までみられる。

茶褐色の細い毛が密生する小型のツリアブで、春の早い時期に出現する。春の野原でホバリングしながら吸蜜する姿がよくみられ、その特徴的な外見から離れていても本種であるとひと目でわかる。

春一番に出現し、草地の野草の花の間を飛翔する姿は可憐で、春の風物詩でもある。細長い6本の脚を伸ばして立ち、口吻を突き出して吸蜜する姿がかわいらしい。

花から花へと急ぐビロウドツリアブ。体形に似合わず飛翔は得意なようで、飛び回ったりホバリングをしたりする姿をよく見かける。

器用にホバリングしながら脚を伸ばして吸蜜するビロウドツリアブ。普段はふさふさの毛に隠れているが、じつは足が長いのがわかる。

152

スズキハラボソツリアブ

分布 北海道から九州までみられる。

体長20〜23mmのハラボソツリアブで、細長い腹部と細長い脚部が特徴的な外見を形成する。器用に脚を折りたたんでホバリングする様子は小型ながらも確かな見応えがある。オスとメスが交尾した状態で飛翔するが、メスが吸蜜している間、オスが姿勢を保つためにホバリングをし続けるという面白い習性をもっている。

細長い脚の関節や折り曲げ方をよく観察しなければ
緻密な細密画を描くことはできない。

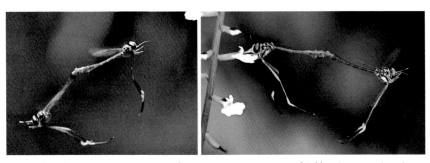

オスは腹を空かせながら、メスが吸蜜できるようにホバリングを続けなくてはならない。
この涙ぐましい努力も交尾を成功させるという目的のためには不可欠のようだ。

マダラホソアシナガバエ

分布 北海道、本州、九州でみられる。

体長5〜6mmと超小型ながらも美しい種で、北海道から九州まで広い範囲でよくみられる。金属光沢を帯びた青緑色の体色で、翅の先端には黒い模様と白い斑がある。自身も小型だが、さらに小さいハエやユスリカを捕食する姿が確認されている。

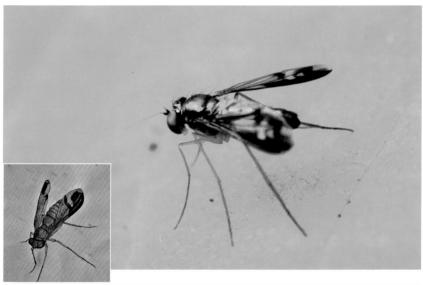

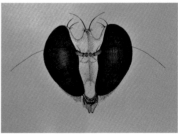

顔をよくみてみると、大きな複眼と小さな口器といういかにもな美人顔にみえてくる。顔のフォルムといい、体色といい、昆虫界でもピカイチの美しさではないだろうか。

小型で、飛翔力は強くないが、葉の上で飛び交う姿は美しく、体の光沢に周囲の緑色が写し出される。

交尾は葉上で行われる。産卵行動などはまだ不明な点が多く、見かけることがあったらぜひとも観察をしてみてほしい種である。

マルボシヒラタヤドリバエ

分布 北海道から南西諸島まで日本全土でみられる。

体長6〜9mmの小型のハエで、4〜10月に出現する。訪花性が高く、野草の花で吸蜜する姿がたびたびみられる。寄生バエの一種で、幼虫はチャバネアオカメムシやシラホシカメムシなどに寄生するといわれている。

褐色の腹背部に黒い三角形の紋様が並ぶ奇妙な外見で、特徴的な紋様から、飛んでいる個体でもひと目で判別が可能である。

交尾と産卵は葉上で行われる。体形からは想像できない飛翔の速さで、せわしなく吸蜜を繰り返す。

ヨコジマオオハリバエ

分布 北海道から南西諸島まで日本全土でみられる。

体長13〜19mmの花に集まる大型の寄生バエ。体の胸部背面は黄褐色、腹部は黒に黄色の筋が走る。太くかたい、針のような黒い毛と、黄色の細かい毛が密生する。ヤドリバエ科に属し、卵胎生で植物の葉の上に幼虫を産み、近くを通ったチョウやガの幼虫に食入して内部寄生する。

寄生バエというと不気味な印象だが、よくみてみると顔つきは意外とかわいらしい。飛翔は素早く、花の上を気ままに飛び交いながら吸蜜を行う。

キンバエ

分布 北海道から南西諸島まで日本全土でみられる。

中型のハエで、野花で吸蜜をしたり、動物の糞や死体、生ごみなどの周辺を飛び
回り、産卵する様子がよくみられる。

不潔な印象の強いキンバエだが、よく観察すると体
の光沢が美しい。

植物の実から吸蜜をしようと飛翔している場面。飛翔能力が高く、長い時間飛び回る。
右の写真は2匹のキンバエが空中で衝突しかけたが器用にかわす瞬間をとらえたもの。

ツマグロキンバエ

分布 北海道から南西諸島まで日本全土でみられる。

公園や里山でよく見かける小型のハエで、複眼の縞模様が特徴的である。口吻が長く、吸蜜に適した形である。

特徴的な複眼の縞模様は他のアブやハエでもみられることがあるが、おそらくはフィルターのような役割ではないかと考えている。よく観察するとオスは複眼同士が上部で接していて、メスでは離れている。

花蜜が大好きで、口吻を伸ばして吸蜜している様子

小さいこと、そして素早く飛翔することもあって、姿を写真におさめることは容易ではない。平行に飛んでいるかと思えば急に方向転換をしたり、アクロバットに飛翔するので、飛翔姿を撮るのには本当に苦労した。

第6章

甲虫・その他のなかま

これまでに紹介した飛翔する昆虫たちと比べて、甲虫はめったに飛ばない。その飛翔姿を撮影するにはよっぽどの我慢比べに勝たなくてはいけない。それも込みで、よい一枚が撮影できたときの喜びはひとしおである。

ラミーカミキリ

本州から九州までみられる。

体長8〜14mmの小型のカミキリムシで、食草のラミー（ナンバンカラムシ）とともに中国から移入された外来種であるが、関東地方以西で広くみられる。

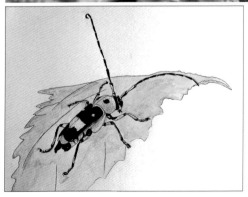

体色は淡い青色の中に黒い紋がちりばめられた美しい配色で、愛らしい甲虫である。細密画を描くにあたっても、きわめて淡いこの青色を表現するのは非常に難しかった。外見の美しさに加えて、甲虫の中では動きも活発で、観察していて飽きない種である。機会があればぜひまじまじと観察してほしい。

食草であるカラムシの葉の上でオスがメスを発見し、近寄って背中に飛び乗り、交尾を始めた。メスは交尾行動の際にオスを誘引するフェロモンを放出しているともいわれている。

カラムシやヤブマオなどの植物の茎を線状に食べる習性がある。線状に枯れた食痕に卵を産み付け、孵化した幼虫もこれらの植物を食べて成長する。

折りたたまれていた翅を広げ、飛翔
するラミーカミキリ。飛翔活動は活
発で、オスとメスが出会いやすくな
るために頻繁に移動をしているので
はないかと考えている。

ヨツスジトラカミキリ

分布 関東地方以西の本州から南西諸島までみられる。

体長13〜20mm。雑木林の伐採木や弱った樹木に集まるカミキリムシで、花の蜜を好み、花粉と花蜜を目当てに花に訪れる姿をよくみかける。暖かい海岸の近くに多く生息するといわれている。毒をもつアシナガバチに擬態することで外敵から身を守っている。身近な種ではあるが、詳細な生態はわかっていない部分も多い。

ハチに擬態した黒と黄色の縞模様が特徴的だが、じつはカミキリムシの仲間ではトラフカミキリやヨツスジハナカミキリなど同じような模様のものが何種類か存在する。それらの種との判別は難しく、細密画を描く際にも微妙な模様の違いに注意が必要である。

タマムシ

分布 本州から九州、屋久島でみられる。

体長35〜41mm。個体数は減少しているように感じるが、コナラの樹幹で産卵する姿など、野外でもまれに見かけることがあり、真夏の正午ごろに活発に飛び回っているのを見かけることもある。
本来は公園のエノキ、ケヤキなどの大木に群れで集まることがあるようだが、最近ではその風景はめったにみられなくなってしまった。

美しい金属光沢をもつ甲虫で、法隆寺にある国宝の玉虫厨子にも使用されていることで有名である。
よくみると、豊かな色彩が波打つように重なり合い、複雑な光沢を放っている。昔から「玉虫色」と呼ばれ愛された理由がよくわかる。

公園で観察できたタマムシの飛翔。全身の金属
光沢が太陽光を反射し、色彩を発散させるかの
ように輝きながら飛翔する姿は忘れがたいもの
である。

シロテンハナムグリ

分布 本州から四国、九州でみられる。

広葉樹林などでよくみられる体長20〜25mmのハナムグリで、日中に素早く飛び回る様子が春〜秋ごろまでによくみられる。

体色は緑がかった光沢のある銅色で、小さな白点がちりばめられていて美しい。顔つきは穏やかで、気性の温厚さもあいまってかわいらしい印象を受ける。

熟れた果実に大群で押し寄せて吸汁している様子。飛翔力が高く、花や果実、樹液などのごちそうを求めて飛び回る。

コアオハナムグリ

分布 北海道から南西諸島まで日本全土でみられる。

日本各地に生息する小型のハナムグリで、体長は11〜16mm程度である。日当たりのよい公園や野原でヒメジョオンなどの白い花に集まっているのをよくみかける。似たような外観の甲虫も多いが、本種では背中に毛が生えていることが特徴で、その点に注意すれば他の種と識別することができる。

小さくふさふさとしたかわいらしい見た目である。体色は基本的には光沢のある緑色だが、赤銅色や黒褐色の個体も存在し、幅広い色彩変異がみられる。

吸蜜のために飛翔する姿を頻繁に見かけることができる。蜜の多い花の咲く木では大量
のコアオハナムグリが飛び立ったり飛来したりする姿がみられる。

花芯まで入り込んでむさぼるように蜜を吸う姿がみられる。花蜜だけではなく花粉や、ときには花弁を食べることもあり、吸蜜の際にめしべの子房を傷つけることがあるため、植物の実を傷つける害虫として扱われることもある。

花の上で交尾している様子。幼虫は腐葉土や朽木を食べて成長する。

マメコガネ

分布 北海道から九州までみられる。

体長9 ～ 13mm程度の小型のコガネムシで、市街地や公園などでよくみられる種である。イタドリやヤブガラシ、ダイズなどに群がって葉を食べてしまう有名な害虫で、1920年ごろに日本からアメリカにもち込まれ、大量発生して畑の作物に大きな打撃を与えたことから「ジャパニーズビートル」とも呼ばれている。

葉を食べる際に後脚を上げる特徴的な姿勢をとる。まだらな食痕を残すので、食痕のある葉の近くなどを探すと食べている最中の姿や交尾している姿に出くわすことがある。

頻繁に飛ぶため、飛翔姿を撮影することはそこまで難しくない。吸蜜や交尾のために狭い範囲を飛び回るが、長距離を飛ぶことはあまりない。

オスは吸蜜中でもメスが近くに寄ってくればすぐさま交尾体制に入ろうとする。そのためメスに周囲のオスが押し寄せて奪い合い、入り乱れてひと塊になっている姿がみられることもある。

オジロアシナガゾウムシ

分布 本州から九州までみられる。

クズの茎や葉に多くみられる9mm程度の小さなゾウムシで、白黒の特徴的な外見から「パンダゾウムシ」という愛称で呼ばれることもある。

クズの茎にがっしりとつかまり、脚の脛節先端にある2本のトゲ状の突起を茎に突き立てて体勢を固定する。鼻のようにとがった頭部で茎にらせん状の傷をつけ、産卵する。産卵した部分は膨らんで虫コブを形成する。

成虫は危険が迫ると、ポトリと落下して丸まったり脚を開いたりして死んだふりをする。全く動かないことで体色が鳥のフンのようにみえて外敵をやりすごすことができる。

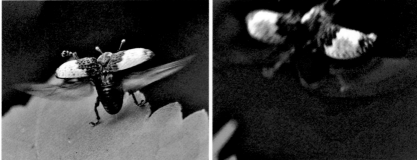

なかなか飛ぶ場面がなく、飛翔姿を目にすることはきわめて珍しい。この写真も葉の上にいるところをひたすら待ち続けて飛び立つ姿を収めることができた。忍耐の勝負であった。

ヤマトシロアリ

分布 北海道南部から南西諸島までみられる。日本産シロアリの中で最も普通にみられる。

公園などで湿った切り株や朽木の中に巣を作り、生息する。イエシロアリよりもやや小さい。名前の通りアリに似た外見であるが、分類上はゴキブリ目である、働きアリは4mm、羽アリで5〜7mm、女王アリは11〜15mm程度である。

5月ごろの暖かくなってきた時期に木肌に出て大群で羽化し、繁殖のためにパートナーを求めて飛翔する。
体に不釣り合いなほど大きい翅を使っての飛翔はどこかぎこちない印象である。

群れで羽化するタイミングになれば、羽アリが切り株を覆いつくす様子がみられる。飛び立った羽アリは空中で交尾をする。この飛び立ちは1時間以上にも及ぶことがある。

ヒグラシ

分布 北海道南部から九州、奄美大島でみられる。

大きさ40〜50mm程度の中型のセミで、雑木林や杉林などで早朝や夕暮れ、曇りの日に哀愁に富んだ声で「カナカナカナ……」と鳴く。ヒグラシの鳴く風景を想像しながら写真をみていると、こころなしか彼らの顔つきも寂しげにみえてくる。

透明な翅に美しい斑紋を備えた和の風情ただよう外見で、細密画を描くのも楽しくなってくる。こうしてみると美しい色彩のセミで、あのなんともいえない哀愁はどこから来るのだろうと考えてしまう。

早朝に出会った羽化途中のヒグラシ。幼虫は夜に土から這い出て枝や葉まで登り、羽化の準備をする。

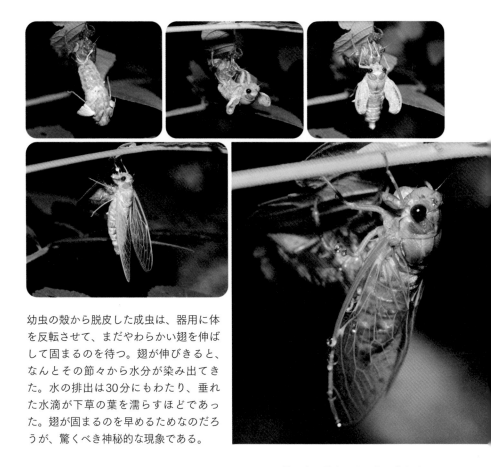

幼虫の殻から脱皮した成虫は、器用に体を反転させて、まだやわらかい翅を伸ばして固まるのを待つ。翅が伸びきると、なんとその節々から水分が染み出てきた。水の排出は30分にもわたり、垂れた水滴が下草の葉を濡らすほどであった。翅が固まるのを早めるためなのだろうが、驚くべき神秘的な現象である。

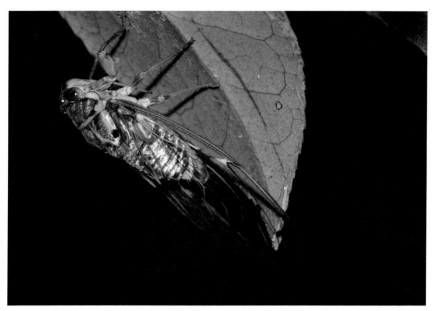

羽化から時間がたって体の固まったヒグラシの成虫。羽化から飛び立つまでにはじつに２時間もの準備時間が必要になる。

腹部にもちのようなものや、もこもことした物体を付着させているヒグラシをみることがあるが、これはセミヤドリガという寄生性のガの幼虫である。複数のセミヤドリガが一匹のセミに寄生することもよくみられ、寄生されたセミは特有の高い声が出なくなるが、寄生が原因で宿主が死亡する場面には出くわしたことがない。

セミヤドリガ

分布 本州から九州までみられる。

幼虫がセミに寄生するという珍しい生態のガの一種で、夜間に1～2mの高さで眠っているセミにセミヤドリガの幼虫が乗り移り、セミの体上で初齢～終齢（5齢）幼虫まで成長する。

充分に成長したセミヤドリガの幼虫は糸を吐いてセミの体から釣り下がり、スギの木肌や野草に着地して蛹（繭）を形成する。羽化した成虫は単為生殖で産卵し、オスはほとんど確認されていない。

繭

脱皮殻

撮影する

　昆虫の撮影、というと山や森林のような壮大な自然の中で行われる印象があるかもしれないが、庭先や近所の公園のような身近な自然であっても十分に昆虫たちの決定的な瞬間に出くわすことができる。94歳になった今でも毎日のように昆虫撮影に出かけるが、その多くは家の近くの公園などである。都市開発が進み、身近な昆虫はずいぶんと減ってしまったが、それでも庭先に花や草木を植えていれば、吸蜜や産卵にやってくる昆虫に出会うことができる。そういった身近な昆虫を繰り返し観察、撮影することでその昆虫についてよく知ることができ、撮影技術も上達する。

庭先にとまったシオカラトンボを撮影する様子。

ナツミカンの木に飛来したナミアゲハを撮影する様子。

魅力的な写真を撮るコツはなんといっても昆虫の生態をよく知ることである。その昆虫の飛び方や、飛翔のスピード、好む食草などを知ることで、動き

下草を登るアリを撮影する様子。

を予測し、最適なカメラアングルで撮影することができる。

　昆虫撮影では、素早く飛ぶ対象をシャッタースピード優先モードで追いかけたり、小さな対象をマクロレンズで撮影したり、はたまた近寄ると逃げてしまう昆虫を望遠レンズで遠くから撮影したりと、カメラテクニックのほとんどが詰まっているのではないかと思う。

　高級な機材でこだわって撮影をするのも楽しいが、どんなカメラでも撮影を楽しむことはできるので、ぜひとも家にあるカメラを使って気軽に昆虫撮影を始めてみてほしい。

リビングの一角にあるカメラの保管場所。今では6台ものカメラを保有し、用途にあわせて使い分けている。丁寧に手入れし、専用の防湿庫に保管している。

描　く

細密画を描きはじめたのは15年以上前で、当初は水彩絵の具を使用していたが、さまざまな描き方を試し、現在の色鉛筆とボールペンを使用するスタイルにたどり着いた。これでなくてはいけないという描き方はないが、輪郭を描いた後にまず薄く色を塗り、その

クロウリハムシの顔を描く著者。
同じ種類でも個体ごとに顔が異なるのが面白いと感じ、顔の細密画を特に多く描いている。

上にどんどん色を重ねるという描き方が一番色彩を再現できるように感じている。写真や現物を見返して少しずつ描き進める描き方がおすすめで、繰り返し観察することでその昆虫の細部の構造や特徴をよく理解することができる。

上手に描くコツはなんといっても昆虫をよく観察すること。細部に至るまでよく観察し、そして観察していて面白いと思えるポイントを見つけることが重要である。自分が面白いと感じた部分に焦点を合わせて描くことでおのずと魅力的な細密画になるだろう。

愛用の色鉛筆はドイツ製のもの。さまざまな色鉛筆やボールペンを試して一番思い通りの色彩を再現できたのがこの色鉛筆なのだという。

研究する

　昆虫好きとしての本音を言えば昆虫学の研究者になりたかったものだが、大学卒業当時の自分にはとてもそんな選択肢はなく、仕方なく会社員として就職した。しかし仕事のかたわら昆虫観察と撮影は続け、会社の都合で4年間香港に駐在したが、その間にも昆虫観察と採取に明け暮れ、帰国する際には収集した大量の標本を現地の博物館に寄贈した。

　本業の研究者にはならなかったが、趣味として昆虫の観察を続け、まだ世に知られていない昆虫の生態や分布についての情報を専門誌に寄稿したこともあった。知られていないことを追求し、発信したいという熱意で長年続けてきた活動は定年退職してからも生活の張り合いとなっており、毎日のようにカメラを担いで昆虫観察にくり出すおかげで94歳になっても健康に過ごせている。好きなことにバカになることこそが人生を楽しむ方法であり、長生きの秘訣でもある。

標本作成をしたり、細密画を描いたりするための自室。さまざまな昆虫関係のものがあふれかえっている。

あとがき

　私の虫との出会いは、小学6年生の夏休みであった。体が弱かったため神奈川県海老名市にあった親戚の農家へ預けられ、豊かな自然の中で多くの虫たちと触れ合うことができた。夏休みの1カ月は瞬く間もなく経過したが、その間に虫の面白さ、珍奇さ、不思議さなどその奥深さに魅了された。そうして「虫屋」の卵が誕生した。

　そんな「虫屋」の卵を孵化させた出来事はギフチョウとの出会いであった。大学2年生だった当時、ある地域でギフチョウの分布の調査のために、雑木林や小学校の植木などでギフチョウの活動を観察、記録していた。そんな活動を続けていた春の夕暮れにぼんやりと雑木林の上空を眺めていたところ、10匹前後のギフチョウの群れが飛び回る姿が突如として視界に入った。美しいギフチョウの群れが上空に舞う姿は夢を見ているかのような光景で、虫の魅力に一層深く惹き付けられた。当時はまだカメラが高価でとても手に入れられるものではなく、今でもあの風景を写真として後世に残すことができなかったことを残念に思うばかりである。そうして虫たちの生態を写真に残すことの重要さに気づき、大学卒業の年に念願のカメラを手に入れ、アマチュア昆虫写真家としてのキャリアを歩むことができた。

　毎日のように続けていた昆虫観察も気づけば80年以上。その間に香港で4年間採取を行ったり、10冊以上の書籍を執筆したりとさまざまな出来事があったが、いつも周囲の方々による大きな励ましとご援助があったからこそここまで続けられたと感じている。

　本書の発行にあたっては、長年ご指導いただいている岩野秀俊博士が監修を快諾してくださった。そして、日ごろから親しくしてくださっている写真友達の山崎啓司氏には、ギンヤンマの貴重なフイルムを使用させていただいた。心から感謝申し上げる。また、本書をまとめるに当たり何かとご足労とご援助をいただいた緑書房の董笑謙氏にも厚くお礼申し上げたい。

　最後に、自分の好きな虫の撮影と研究に没頭し、家族を十分顧みることができなかったと自覚しているが、それを許容してくれた妻の博子に感謝し、本書を捧げたい。

2023年秋　石井誠

186

監修者のことば

　著者の石井誠氏は、長年にわたって身近にいる昆虫たちを地道に観察し、彼らの魅力的な生活ぶりを多くの生態写真として記録してきた、在野の自然愛好家の第一人者とも呼ぶべき人物です。昆虫たちの生息場所や生活ぶりは多種多様で、昆虫を観察して写真撮影することは決して容易なことばかりではなかったはずです。あるときは地際の花や草にいる昆虫の決定的瞬間を撮影するために、地べたに伏したまま辛抱強く待機したり、またあるときは生い茂った草地や灌木を分け入ったり、ひたすら樹幹の穴を見つめ続けるなんてこともあったでしょう。しかも、昆虫たちが活動する時期は主に春から秋にかけての気温が高く、暑い時期に重なりますので、必然的に大汗をかきながら昆虫観察を行うことになります。

　ここまで苦労して野外で昆虫を追い続ける著者の並々ならぬ情熱と意欲にはただただ驚くばかりです。94歳を過ぎてなお意欲は衰えず、野外観察を継続していることには脱帽するしかありません。その姿勢や行動力は後学の自然愛好家にとっても良き鑑となるはずです。

　裏を返せば、昆虫はそれだけ多くの愛好家や研究者たちを惹きつける不思議な魅力に満ちあふれているといえます。本書には珍しい昆虫たちはほとんど登場していません。私たちの身近にある公園や緑地、雑木林などの自然環境の中でひっそりと暮らしている普通種の昆虫たちに視線を向けて観察・撮影した生態写真が紹介されており、彼らの興味深い生態を知る絶好の機会になると確信しています。さらに、本書では多くの昆虫たちの顔や体型などを描いた細密画もふんだんに登場しますが、生態写真とは違った新鮮な驚きや感動があり、見応えのある図鑑となっています。

　ぜひとも本書を読んで昆虫に興味を持った読者の皆さんにも、昆虫の持つ不思議な魅力の解明に挑戦してほしいと願っています。

岩野秀俊

───── 著者プロフィール ─────

石井　誠 (いしいまこと)

　1929年神奈川県横浜市生まれ。昆虫観察歴80年を超えるベテラン昆虫写真家で、撮影した昆虫の細密画（対象を細部まで緻密に描写した絵）も描いている。公園や雑木林などで身近な昆虫を観察、撮影する傍ら、専門誌で研究発表を行い、地域の学校などでの昆虫観察教室の講師を務める。神奈川昆虫談話会会員、相模の蝶を語る会会員。

　主な著書に『昆虫のすごい瞬間図鑑』、『公園で探せる昆虫図鑑』、『昆虫びっくり観察術1 顔からみえる虫の生き方』、『昆虫びっくり観察術2 体からみえる虫の能力』（以上、誠文堂新光社）、『虫の顔』（八坂書房）などがある。

───── 監修者プロフィール ─────

岩野秀俊 (いわのひでとし)

　1951年東京都北区生まれ。博士（農学）。元日本大学生物資源科学部教授、元日本鱗翅学会会長、相模原市立博物館協議会会長。チョウをはじめとする昆虫の生態や分布を専門として研究し、現在は相模の蝶を語る会の会長として昆虫好きの談話の場を運営している。

　主な著書（分担執筆）に『日本産蝶類の衰亡と保護 第5集』（日本鱗翅学会）、『日本の昆虫の衰亡と保護』北隆館）、『神奈川県昆虫誌』（神奈川昆虫談話会）、『相模原市史自然編』（相模原市）、『バイオロジカル・コントロール』（朝倉書店）などがある。

さくいん

見る・撮る・描く
身近な飛ぶ虫観察図鑑

2023 年 11 月 10 日　第 1 刷発行

著　　者	石井　誠
監 修 者	岩野秀俊
発 行 者	森田浩平
発 行 所	株式会社 緑書房
	〒 103-0004
	東京都中央区東日本橋 3 丁目 4 番 14 号
	Ｔ Ｅ Ｌ　03-6833-0560
	https://www.midorishobo.co.jp
編　　集	董　笑謙、池田俊之
組　　版	メルシング
印 刷 所	図書印刷